Ruby Jindal

Guardiões de verão: Métodos eficazes para proteger a vida selvagem e a vegetação

Ruby Jindal

Guardiões de verão: Métodos eficazes para proteger a vida selvagem e a vegetação

ScienciaScripts

Imprint
Any brand names and product names mentioned in this book are subject to trademark, brand or patent protection and are trademarks or registered trademarks of their respective holders. The use of brand names, product names, common names, trade names, product descriptions etc. even without a particular marking in this work is in no way to be construed to mean that such names may be regarded as unrestricted in respect of trademark and brand protection legislation and could thus be used by anyone.

Cover image: www.ingimage.com

This book is a translation from the original published under ISBN 978-620-7-65045-3.

Publisher:
Sciencia Scripts
is a trademark of
Dodo Books Indian Ocean Ltd. and OmniScriptum S.R.L publishing group

120 High Road, East Finchley, London, N2 9ED, United Kingdom
Str. Armeneasca 28/1, office 1, Chisinau MD-2012, Republic of Moldova, Europe
Printed at: see last page
ISBN: 978-620-7-75958-3

Os meses de verão na Índia trazem não só um calor intenso, mas também desafios significativos à sobrevivência da sua diversificada vida selvagem e vegetação. A subida das temperaturas, impulsionada pelas alterações climáticas, ameaça a rica biodiversidade que é intrínseca à identidade e à saúde ecológica da Índia. "Guardiões de verão: Métodos Eficazes para Proteger a Vida Selvagem e a Vegetação da Índia" é um guia completo destinado a enfrentar estes desafios com soluções práticas e inovadoras.

Este livro nasce de uma profunda preocupação com o mundo natural e do reconhecimento da necessidade urgente de ação. Reúne investigação científica, conhecimentos tradicionais e estudos de casos do mundo real para fornecer um conjunto de ferramentas para indivíduos, comunidades e decisores políticos dedicados à proteção do nosso património natural. Desde a gestão eficiente da água e práticas de saúde do solo até à criação de abrigos frescos para a vida selvagem e à implementação de projectos de reflorestação a longo prazo, este guia abrange um vasto leque de estratégias adaptadas às condições ambientais únicas da Índia.

"Guardiões de verão" não é apenas um manual; é um apelo à ação. Incentiva a colaboração entre vários sectores e sublinha a importância do envolvimento e da educação da comunidade. Através da sensibilização e da promoção de um esforço coletivo, podemos atenuar os impactos do calor extremo e garantir um futuro sustentável para a flora e a fauna da Índia.

Quer seja um agricultor, um entusiasta da vida selvagem, um decisor político ou simplesmente alguém que se preocupa com o ambiente, este livro pretende inspirá-lo e capacitá-lo para se tornar um guardião da natureza durante os Verões abrasadores. Juntos, podemos fazer a diferença e preservar o equilíbrio ecológico que sustenta toda a vida.

Por

Dr. Ruby Jindal

(Universidade K.R. Mangalam, Gurugram)

Capítulo 1: Compreender o stress térmico e os seus impactos

1.1 A ciência do stress térmico

Definição e mecanismos

O stress térmico ocorre quando as temperaturas excedem os níveis óptimos que as plantas e os animais podem tolerar, levando a perturbações nas funções fisiológicas. Os mecanismos do stress térmico variam entre plantas e animais, cada um enfrentando desafios únicos em condições de alta temperatura.

Respostas das plantas ao stress térmico:

Para as plantas, o calor excessivo pode prejudicar processos essenciais como a fotossíntese, a respiração e a absorção de água, afectando em última análise o crescimento e a produtividade.

- **Fecho dos estomas**: Para conservar a água e evitar uma transpiração excessiva, as plantas fecham os seus estomas, reduzindo o consumo de dióxido de carbono (CO_2) necessário para a fotossíntese. Esta reação limita a capacidade da planta para produzir energia e sintctizar nutrientes cssenciais.

- **Desnaturação de proteínas**: As temperaturas elevadas podem levar à desnaturação de proteínas e enzimas essenciais nas células vegetais. Este processo perturba as funções celulares e as vias metabólicas, prejudicando a capacidade da planta para manter a homeostase e responder às pressões ambientais.

- **Aumento da respiração**: O stress térmico pode elevar a taxa de respiração das plantas, levando ao consumo acelerado das reservas de energia armazenadas. Este aumento da atividade metabólica agrava ainda mais a depleção de energia e pode comprometer a capacidade da planta para resistir a um stress prolongado.

Respostas dos animais ao stress térmico:

Para os animais, o stress térmico pode manifestar-se em várias respostas fisiológicas e comportamentais, afectando a saúde e o bem-estar geral.

- **Sobrecarga termorreguladora**: Os animais têm de gastar energia adicional para regular a sua temperatura corporal dentro de limites toleráveis. Este aumento da procura metabólica pode levar à exaustão pelo calor, à desidratação e à insolação, particularmente em espécies com mecanismos termorreguladores limitados.

- **Desequilíbrio eletrolítico**: O stress provocado pelo calor resulta frequentemente numa perda excessiva de líquidos através da transpiração ou da respiração ofegante, levando à desidratação e a desequilíbrios electrolíticos. A perda de minerais essenciais, como o sódio, o potássio e o cálcio, pode perturbar as funções celulares, prejudicar as contracções musculares e comprometer a saúde cardiovascular.

- **Alterações comportamentais**: Os animais podem apresentar comportamentos alterados em resposta ao stress térmico, incluindo níveis de atividade reduzidos, padrões de alimentação alterados e mudanças no comportamento reprodutivo. Estes ajustes comportamentais têm como objetivo conservar energia, minimizar a produção de calor e procurar microambientes mais frescos, mas também podem ter impacto na aptidão geral e no sucesso reprodutivo.

Indicadores de stress térmico

A identificação de sinais de stress térmico é crucial para uma intervenção atempada e esforços de mitigação. Tanto as plantas como os animais apresentam indicadores característicos de stress térmico, fornecendo informações valiosas sobre o seu estado fisiológico.

Indicadores vegetais de stress térmico:

- **Murchidão e escaldadura das folhas**: Sinais visíveis de perda de água e danos celulares, manifestados por folhas caídas, bordos ondulados e escurecimento ou amarelecimento da folhagem.

- **Crescimento reduzido**: As plantas sujeitas a stress térmico podem apresentar um crescimento atrofiado, com folhas, flores ou frutos mais pequenos em comparação com indivíduos saudáveis. Esta redução nas taxas de crescimento reflecte a capacidade limitada da planta para atribuir recursos e sustentar processos metabólicos em condições de stress.

- **Queda de** folhas: A queda prematura de folhas é uma resposta comum ao stress térmico, uma vez que as plantas tentam minimizar a perda de água e conservar energia. Este mecanismo de adaptação ajuda a reduzir a área de superfície transpiratória e a evitar uma maior desidratação.

Indicadores animais de stress térmico:

- **Respiração ofegante e aumento da frequência respiratória**: Os animais podem apresentar uma respiração rápida e superficial ou ofegar como forma de dissipar o excesso de calor corporal. A frequência respiratória elevada ajuda a aumentar o arrefecimento por evaporação através do trato respiratório, mas pode também provocar alcalose respiratória e desequilíbrios metabólicos.

- **Letargia e atividade reduzida**: Os animais sujeitos a stress térmico apresentam frequentemente letargia, mobilidade reduzida e menor interesse em comportamentos normais, como a procura de alimentos, a limpeza ou a interação social. Estas alterações comportamentais reflectem os esforços do animal para conservar energia e minimizar a produção de calor.

- **Diminuição do apetite**: O stress térmico pode suprimir o apetite e reduzir a ingestão de alimentos nos animais, uma vez que as temperaturas elevadas podem prejudicar a digestão, a absorção de nutrientes e a eficiência metabólica. A redução das taxas de alimentação contribui para a conservação de energia, mas pode comprometer o estado nutricional e a saúde geral.

Compreender estes indicadores de stress térmico é essencial para implementar estratégias de gestão eficazes e mitigar os impactos negativos nas populações de plantas e animais. Ao monitorizar estas respostas fisiológicas e comportamentais, os conservacionistas, os agricultores e os gestores da vida selvagem podem tomar medidas proactivas para aliviar o stress térmico e promover a resiliência e o bem-estar dos ecossistemas e das espécies.

1.2 Alterações climáticas e aumento das temperaturas

Panorama das alterações climáticas

As alterações climáticas referem-se a alterações a longo prazo da temperatura, da precipitação e dos padrões meteorológicos, essencialmente provocadas por actividades humanas como a queima de combustíveis fósseis e a desflorestação. Estas actividades libertam gases com efeito de estufa para a atmosfera, retendo o calor e provocando o aquecimento global. Os principais factores que contribuem para as emissões de gases com efeito de estufa incluem:

- **Dióxido de carbono (CO2)**: Gerado principalmente a partir da combustão de combustíveis fósseis como o carvão, o petróleo e o gás natural para a produção de energia, transportes e processos industriais. A desflorestação também liberta quantidades significativas de CO2 armazenado na vegetação e nos solos.

- **Metano (CH4)**: Produzido a partir de práticas agrícolas como o cultivo de arroz e a criação de gado, bem como a partir da decomposição de resíduos orgânicos em aterros e instalações de tratamento de águas residuais. O metano é um potente gás com efeito de estufa com um potencial de captura de calor muito superior ao do CO2 em escalas temporais mais curtas.

- **Óxido nitroso (N2O)**: Produzido em actividades agrícolas, incluindo a utilização de fertilizantes sintéticos e estrume de gado, bem como em processos industriais como a combustão de combustíveis fósseis e biomassa. O óxido nitroso contribui para o aquecimento global e a destruição do ozono na atmosfera superior.

Impacto na Índia

A Índia enfrenta desafios e vulnerabilidades únicos devido aos impactos das alterações climáticas, com o aumento das temperaturas a representar riscos significativos para os ecossistemas, a agricultura, os recursos hídricos e a saúde humana.

- **Aumento das temperaturas**: Ao longo do último século, a Índia registou um aumento constante das temperaturas médias, acompanhado de ondas de calor mais frequentes e intensas. As temperaturas elevadas não só representam riscos directos para a saúde humana, como também exacerbam o stress térmico nas plantas e nos animais, levando à redução da produtividade agrícola, a doenças relacionadas com o calor e à mortalidade.

- **Variabilidade das monções**: As mudanças nos padrões das monções, incluindo a alteração do início, da duração e da intensidade, têm profundas implicações para a disponibilidade de água, a agricultura e os ecossistemas em toda a Índia. A variabilidade da precipitação das monções pode conduzir a secas, inundações e escassez de água, afectando milhões de pessoas dependentes da agricultura de sequeiro e dos recursos hídricos subterrâneos.

- **Aumento da frequência das secas**: As alterações climáticas contribuíram para um aumento da frequência e da gravidade das secas em muitas partes da Índia, sobretudo em regiões já propensas à aridez e ao stress hídrico. Os períodos de seca prolongados não só têm impacto nos rendimentos agrícolas, como também sobrecarregam os recursos hídricos para fins de consumo, irrigação e industriais, exacerbando as disparidades socioeconómicas e a degradação ambiental.

Regiões como o Rajastão e o Maharashtra são particularmente vulneráveis aos impactos das alterações climáticas devido aos seus climas semi-áridos e áridos, associados a uma elevada dependência da agricultura para a subsistência e a segurança alimentar. O aumento das temperaturas, a irregularidade da precipitação e a escassez de água colocam desafios significativos ao desenvolvimento sustentável e aos esforços de reforço da resiliência nestas regiões.

A resposta aos impactos das alterações climáticas exige esforços concertados a nível local, nacional e global, incluindo medidas de mitigação para reduzir as emissões de gases com efeito de estufa, estratégias de adaptação para aumentar a resistência aos riscos relacionados com o clima e cooperação internacional para apoiar as comunidades e os ecossistemas vulneráveis. Ao tomar medidas proactivas para mitigar as alterações climáticas e adaptar-se aos seus impactos, a Índia pode salvaguardar os seus recursos naturais, proteger as populações vulneráveis e construir um futuro sustentável para as gerações vindouras.

1.3 Estudos de caso

Histórias de sucesso

Rajasthan: A região do deserto de Thar implementou várias estratégias bem sucedidas para combater o stress térmico:

- **Captação de água**: Os métodos tradicionais, como os "Johads" (pequenas barragens de terra), foram reactivados para conservar a água.

- **Culturas resistentes à seca**: Introdução de culturas como o painço, que são mais tolerantes ao calor e à seca.

Maharashtra: Na região de Marathwada, foram adoptadas abordagens inovadoras:

- **Irrigação por gotejamento**: Utilização eficiente da água na agricultura para manter a humidade do solo e reduzir o stress das plantas.

- **Redes de sombra**: Utilização de redes de sombra para proteger as culturas da luz solar direta e reduzir o stress térmico.

Lições aprendidas

- **Envolvimento da comunidade**: As intervenções bem sucedidas envolvem frequentemente as comunidades locais, tirando partido dos conhecimentos e práticas tradicionais.

- **Abordagens integradas**: A combinação de tecnologia moderna com métodos tradicionais produz melhores resultados.

- **Apoio político**: As políticas e o apoio do governo são cruciais para a escalabilidade e a sustentabilidade destas intervenções.

- **Monitorização e adaptação contínuas**: A avaliação contínua e a flexibilidade das estratégias garantem o êxito a longo prazo da gestão do stress térmico.

Compreendendo a ciência do stress térmico, o papel das alterações climáticas e aprendendo com estudos de casos bem sucedidos, podemos desenvolver estratégias eficazes para proteger a vida selvagem e a vegetação da Índia da ameaça crescente das temperaturas extremas do verão.

<h1 style="text-align:center">Capítulo 2: Estratégias de proteção das plantas</h1>

2.1 Técnicas de gestão da água

Irrigação por gotejamento: Utilização eficiente da água para uma hidratação óptima das plantas

A rega gota a gota é uma técnica eficiente que fornece água diretamente à zona das raízes das plantas, minimizando a evaporação e o escoamento. Este método é particularmente eficaz em regiões áridas onde a conservação da água é crítica.

- **Instalação**: Os sistemas de rega gota-a-gota consistem numa rede de tubos e emissores estrategicamente colocados junto às raízes das plantas. Estes sistemas podem ser personalizados para se adaptarem a várias aplicações, incluindo agricultura, horticultura e paisagismo.

- **Benefícios**:

  - **Conservação da água**: A rega gota-a-gota reduz o desperdício de água, fornecendo quantidades precisas de água diretamente à zona das raízes, minimizando as perdas por evaporação e escoamento superficial.

  - **Melhoria da saúde das plantas**: Ao manter níveis consistentes de humidade no solo, a rega gota-a-gota promove o desenvolvimento saudável das raízes, reduz o stress nas plantas e melhora o crescimento e a produtividade em geral.

  - **Supressão de ervas daninhas**: O fornecimento de água direcionado reduz o crescimento de ervas daninhas ao limitar a disponibilidade de humidade em áreas não plantadas, minimizando assim a competição por água e nutrientes.

- **Manutenção**: A manutenção regular é essencial para um ótimo desempenho e eficiência dos sistemas de rega gota-a-gota. As tarefas incluem:

  - **Verificar se os emissores estão entupidos**: Inspecionar periodicamente os emissores para detetar obstruções ou bloqueios causados por detritos, sedimentos ou acumulação de minerais.

- **Garantir uma distribuição uniforme da água**: Ajustar os caudais dos emissores e a pressão do sistema para garantir uma distribuição uniforme da água em toda a zona de rega.

- **Ajuste do sistema**: À medida que as plantas crescem e mudam, ajuste periodicamente a disposição e a configuração do sistema de gotejamento para acomodar as suas necessidades de água em constante mudança.

Recolha de água da chuva: Captação e armazenamento de água da chuva para utilização durante os períodos de seca

A recolha de água da chuva consiste em recolher e armazenar a água da chuva dos telhados, do escoamento superficial ou de outras áreas de captação para utilização posterior. Esta prática sustentável ajuda a conservar os recursos hídricos e a reduzir a dependência das águas subterrâneas e do abastecimento municipal, especialmente durante os períodos de seca.

- **Técnicas**:

    - **Recolha no telhado**: Instalar caleiras, algerozes e sistemas de recolha de águas pluviais para captar a água da chuva dos telhados. Direccione a água recolhida para tanques ou barris de armazenamento para utilização posterior.

    - **Colheita de escoamento superficial**: Construir lagos, reservatórios ou valas para captar e armazenar o escoamento da água da chuva dos campos, estradas e paisagens. Implementar medidas de conservação do solo para minimizar a erosão e a sedimentação.

    - **Soluções de armazenamento**: Escolher contentores de armazenamento adequados com base na disponibilidade de espaço, orçamento e utilização pretendida. As opções incluem tanques acima do solo, cisternas subterrâneas e reservatórios abertos revestidos com geomembranas.

- **Utilização**: A água da chuva recolhida pode ser utilizada para vários fins, incluindo:

- **Irrigação**: Utilizar a água da chuva armazenada para complementar ou substituir as fontes de irrigação tradicionais, reduzindo a pressão sobre as águas subterrâneas e superficiais durante os períodos de seca.

- **Utilização doméstica**: Tratar a água da chuva recolhida para utilizações potáveis ou não potáveis, tais como tarefas domésticas, descargas de sanitas e actividades de limpeza ao ar livre.

- **Recarga**: Direcionar o excesso de água da chuva para bacias de recarga de águas subterrâneas ou trincheiras de infiltração para reabastecer os aquíferos e aumentar os níveis de água subterrânea.

Ao implementar técnicas de irrigação gota a gota e de recolha de água da chuva, os indivíduos, os agricultores e as comunidades podem otimizar a eficiência da utilização da água, reduzir o stress hídrico e promover práticas sustentáveis de gestão da água, particularmente durante os meses de verão de temperaturas elevadas. Estes métodos não só conservam os preciosos recursos hídricos, como também contribuem para a saúde do ecossistema, a segurança alimentar e a resiliência climática.

2.2 Saúde do solo e cobertura vegetal

Retenção da humidade do solo: Utilização de coberturas vegetais orgânicas para manter o solo fresco e húmido

A cobertura morta é uma prática de jardinagem sustentável que envolve a cobertura da superfície do solo com materiais orgânicos ou inorgânicos para conservar a humidade, regular a temperatura do solo e suprimir o crescimento de ervas daninhas.

- **Tipos de cobertura vegetal**:

  - **Cobertura vegetal orgânica**: Materiais como palha, aparas de relva, folhas, composto e casca de árvore são normalmente utilizados como coberturas orgânicas. Estes materiais decompõem-se gradualmente ao longo do tempo, enriquecendo o solo com nutrientes essenciais e melhorando a sua estrutura.

  - **Cobertura vegetal inorgânica**: Materiais como folhas de plástico, pedras e cascalho servem como coberturas vegetais inorgânicas.

Embora sejam duradouros e eficazes na supressão de ervas daninhas, não contribuem para a fertilidade do solo.

- **Aplicação**: Espalhe o mulch uniformemente à volta das plantas, deixando uma camada com uma espessura de 2-4 polegadas. Certifique-se de que mantém um espaço entre o mulch e os caules das plantas para evitar problemas relacionados com a humidade, como a podridão e as doenças.

- **Benefícios**:

  - **Conservação da humidade**: A cobertura morta actua como uma barreira, reduzindo a evaporação da água da superfície do solo e ajudando a manter níveis consistentes de humidade no solo, especialmente durante períodos quentes e secos.

  - **Regulação da temperatura do solo**: A cobertura morta isola o solo, protegendo as raízes das plantas de flutuações extremas de temperatura. Isto ajuda a criar um ambiente mais estável e propício ao crescimento das raízes e à absorção de nutrientes.

  - **Supressão de ervas daninhas**: Ao bloquear a luz solar e inibir a germinação de sementes de ervas daninhas, a cobertura morta ajuda a minimizar o crescimento de ervas daninhas, reduzindo a necessidade de herbicidas e de monda manual.

  - **Melhoria do solo**: À medida que as coberturas orgânicas se decompõem, adicionam gradualmente matéria orgânica ao solo, melhorando a sua estrutura, arejamento e fertilidade ao longo do tempo. Isto aumenta a atividade microbiana do solo e promove um crescimento mais saudável das plantas.

Culturas de cobertura: Benefícios da plantação de culturas de cobertura para proteger e enriquecer o solo

As culturas de cobertura, também conhecidas como adubos verdes, são culturas plantadas principalmente para cobrir o solo e não para a colheita. Desempenham um papel vital na gestão da saúde do solo, evitando a erosão, melhorando a estrutura do solo e aumentando o teor de nutrientes.

- **Tipos de culturas de cobertura**:

- **Leguminosas**: As culturas de cobertura, como o trevo e a alfafa, pertencem à família das leguminosas e têm a capacidade única de fixar o azoto atmosférico no solo através de relações simbióticas com bactérias fixadoras de azoto. Este facto aumenta a fertilidade do solo e reduz a necessidade de fertilizantes sintéticos.

- **Gramíneas**: As culturas de cobertura, como o centeio e a cevada, são espécies de gramíneas que adicionam matéria orgânica ao solo, melhoram a estrutura do solo e aumentam a atividade microbiana. Também ajudam a suprimir as ervas daninhas e proporcionam um habitat para insectos benéficos.

- **Brássicas**: As culturas de cobertura, como a mostarda e o rabanete, são espécies de brássicas que contribuem para a saúde do solo, melhorando o seu arejamento, reduzindo a sua compactação e suprimindo as pragas e doenças transmitidas pelo solo.

- **Plantação e gestão**: As culturas de cobertura são normalmente plantadas durante períodos de pousio ou juntamente com culturas de rendimento em sistemas de rotação de culturas. Devem ser semeadas no momento adequado e geridas de modo a otimizar a produção de biomassa e o ciclo de nutrientes. Antes da floração ou da fixação das sementes, as culturas de cobertura são ceifadas ou incorporadas no solo para libertar nutrientes e melhorar a estrutura do solo.

- **Benefícios**:

  - **Fertilidade do solo**: As culturas de cobertura contribuem com matéria orgânica para o solo, enriquecendo-o com nutrientes e melhorando a sua capacidade de reter a humidade e suportar o crescimento das plantas.

  - **Controlo da erosão**: As culturas de cobertura formam uma cobertura protetora sobre a superfície do solo, reduzindo a erosão causada pelo vento e pelo escoamento da água. Isto ajuda a preservar a estrutura do solo e a evitar a perda de nutrientes.

  - **Supressão de ervas daninhas e pragas**: As culturas de cobertura competem com as ervas daninhas pela luz solar, água e nutrientes, suprimindo o crescimento das ervas daninhas e reduzindo a necessidade de herbicidas. Também fornecem habitat e fontes de alimento para insectos benéficos, ajudando a gerir naturalmente as populações de pragas.

Ao incorporar técnicas de mulching e de culturas de cobertura nas práticas agrícolas e de jardinagem, os indivíduos, os agricultores e os gestores de terras podem melhorar a saúde do solo, conservar a água e promover práticas sustentáveis de gestão das terras que beneficiam tanto o ambiente como a produtividade das culturas. Estas práticas contribuem para a construção de sistemas agrícolas resistentes e produtivos que podem resistir aos desafios das alterações climáticas e apoiar a segurança alimentar a longo prazo e a saúde dos ecossistemas.

2.3 Sombra e abrigo

Sombra artificial: Utilização de redes e panos de sombra para proteger as plantas

As estruturas de sombra artificiais, como as redes e os panos de sombra, oferecem uma proteção eficaz contra a luz solar intensa, ajudando a atenuar o stress térmico e os danos causados pelo sol nas plantas.

- **Materiais**: As telas de sombra são normalmente feitas de materiais de tecido ou malha com densidades variáveis, medidas como uma percentagem de luz solar bloqueada. As densidades comuns incluem 30%, 50% e 70%, oferecendo opções para diferentes níveis de filtragem da luz para satisfazer as necessidades das plantas.

- **Instalação**: As estruturas de sombra artificial podem ser instaladas através de vários métodos, incluindo:

  - **Estruturas ou suportes**: Montagem de armações ou postes de madeira ou metal para suportar a tela de sombra por cima das plantas. Estas estruturas podem ser permanentes ou temporárias e permitem um ajuste fácil dos níveis de sombra.

  - **Coberturas suspensas**: Construção de toldos suspensos ou pérgolas cobertas com tecido de sombra para criar áreas sombreadas para jardins exteriores, viveiros ou espaços de pátio.

  - **Proteção individual das plantas**: Utilização de estruturas de sombra de menor escala, tais como túneis de argolas ou coberturas individuais de plantas, para proteger as plantas vulneráveis da luz solar direta e do calor.

- **Benefícios**:

  - **Regulação da temperatura**: A sombra artificial reduz a temperatura das folhas ao bloquear uma parte da luz solar, ajudando a manter as condições de crescimento das plantas mais frescas e estáveis. Isto pode aliviar o stress térmico e minimizar o risco de danos relacionados com o calor.

  - **Conservação da água**: As plantas sombreadas registam taxas de transpiração e evaporação reduzidas, o que resulta numa menor perda de água das folhas e do solo. Isto ajuda a conservar os recursos hídricos e a manter níveis óptimos de humidade no solo, especialmente durante os períodos quentes e secos.

  - **Proteção contra queimaduras solares**: As telas de sombra proporcionam uma barreira física entre as plantas e os raios solares intensos, reduzindo o risco de queimaduras solares e de queimaduras nas folhas. Isto é especialmente benéfico para espécies de plantas sensíveis ou mudas recém-transplantadas que são propensas a danos causados pelo sol.

  - **Mitigação do stress térmico**: Ao criar um microclima mais fresco à volta das plantas, as estruturas de sombra artificial ajudam a atenuar o stress térmico e a promover um crescimento e desenvolvimento mais saudáveis. Isto é particularmente importante durante períodos de calor extremo, quando as plantas são mais vulneráveis a lesões relacionadas com o calor.

A sombra artificial é uma solução versátil e prática para proteger as plantas da luz solar excessiva e do stress térmico, especialmente em regiões com climas quentes ou exposição solar intensa. Ao colocar estrategicamente telas e redes de sombra, os jardineiros, agricultores e horticultores podem criar condições de crescimento óptimas para uma vasta gama de espécies de plantas, garantindo a sua saúde, produtividade e resistência em condições ambientais difíceis.

Sombra natural: A importância da plantação de árvores de sombra e da sua integração nas práticas agrícolas

A plantação de árvores de sombra nos sistemas agrícolas traz benefícios a longo prazo, criando um microclima mais fresco, melhorando a saúde do solo e aumentando a biodiversidade.

- **Seleção de árvores**: Escolha espécies nativas que estejam bem adaptadas ao clima local e às condições do solo. Árvores como o nim, a figueira-de-bengala e o tamarindo são excelentes escolhas em muitas partes da Índia.

- **Práticas Agroflorestais**: A integração de árvores com culturas (agro-silvicultura) aumenta a biodiversidade e cria um sistema agrícola sustentável. As árvores podem ser plantadas em filas, à volta dos limites dos campos, ou intercaladas com as culturas.

- **Benefícios**: As árvores de sombra reduzem as temperaturas, proporcionam habitat para a vida selvagem, melhoram a fertilidade do solo através da folhagem e podem mesmo proporcionar rendimentos adicionais através de frutos, madeira ou outros produtos.

2.4 Seleção de variedades resistentes ao calor

Espécies tolerantes ao calor: Escolhendo variedades de plantas que prosperam em altas temperaturas

A seleção de variedades de plantas que sejam naturalmente resistentes ao stress térmico é crucial para manter a produtividade durante os verões quentes.

- **Critérios de seleção**: Procurar características como sistemas radiculares profundos, tolerância à seca e utilização eficiente da água.

- **Exemplos**:

    - **Milhos**: Variedades como o milheto pérola e o milheto dedo são bem adaptadas às condições áridas.

    - **Leguminosas**: O feijão-frade e o feijão nhemba são tolerantes ao calor e melhoram a fertilidade do solo através da fixação de azoto.

    - **Legumes**: Variedades de quiabo, beringela e certos tomates que são criados para tolerar o calor.

Reprodução e modificação genética: Avanços na Criação de Espécies de Plantas Mais Resilientes

As modernas técnicas de melhoramento e a modificação genética tornaram possível desenvolver variedades de plantas com maior tolerância ao calor.

- **Reprodução convencional**: Seleção e cruzamento de plantas com características desejáveis para produzir variedades resistentes ao calor.

- **Modificação genética**: Introdução de genes específicos que conferem tolerância ao calor nas culturas. Isto pode incluir genes que aumentam a eficiência da utilização da água, melhoram a resposta ao stress ou aumentam a profundidade das raízes.

- **Avanços biotecnológicos**: Técnicas como o CRISPR e a seleção assistida por marcadores aceleram o desenvolvimento de variedades de culturas resistentes.

- **Benefícios**: Estes métodos avançados conduzem à criação de culturas que podem suportar temperaturas mais elevadas, requerer menos água e manter rendimentos elevados.

Ao implementar estas estratégias, podemos mitigar significativamente os efeitos das altas temperaturas nas plantas, assegurando práticas agrícolas sustentáveis e a conservação da rica biodiversidade da Índia.

Capítulo 3: Proteger a vida selvagem do stress térmico

3.1 Disponibilização de fontes de água

Poços de água artificiais: Criação e manutenção de fontes de água para a vida selvagem

Os charcos artificiais são cruciais para hidratar a vida selvagem, especialmente durante os meses escaldantes de verão, quando as fontes de água naturais podem secar.

- **Seleção do local**: Escolha os locais com base nos padrões de movimento da vida selvagem e na proximidade de áreas de alimentação. Os locais ideais são sombreados e têm declives suaves para facilitar o acesso.

- **Construção**: Utilize materiais duráveis, como betão ou argila, para construir os poços de água. Certifique-se de que são suficientemente profundos para conter água suficiente, mas suficientemente rasos nas extremidades para permitir um acesso seguro.

- **Manutenção**: Limpar regularmente os orifícios de água para evitar o crescimento de algas e a contaminação. Reabastecê-los de forma consistente, especialmente durante os períodos de pico de calor.

- **Benefícios**: Os charcos artificiais reduzem o stress térmico, evitam a desidratação e apoiam a biodiversidade local, atraindo várias espécies.

Banheiras e lagos para pássaros: Soluções simples de água para animais mais pequenos e aves

As banheiras para pássaros e os pequenos lagos podem efetivamente fornecer água a pássaros e pequenos animais em jardins, parques e ambientes urbanos.

- **Conceção e colocação**: Utilize recipientes pouco profundos para banhos de pássaros e pequenos lagos. Coloque-os em áreas com sombra para manter a água fresca e minimizar a evaporação. Certifique-se de que são elevados ou têm medidas de proteção para manter os predadores afastados.

- **Qualidade da água**: Mude a água regularmente para a manter limpa e sem detritos. Acrescentar algumas pedras ou seixos pode ajudar os pequenos animais a aceder à água em segurança.

- **Características adicionais**: A instalação de gotejadores ou pulverizadores pode proporcionar uma fonte de água contínua e ajudar a arrefecer a área circundante.

- **Vantagens**: Estas fontes de água são fáceis de instalar, incentivam a presença de animais selvagens e ajudam a manter a hidratação de pequenos animais e aves durante o calor extremo.

3.2 Criar abrigos frescos

Áreas com sombra: Construção de abrigos para aliviar o sol

A existência de áreas sombreadas é essencial para proteger a vida selvagem da luz solar direta e do calor excessivo.

- **Materiais naturais**: Utilize ramos, folhas e troncos para criar abrigos à sombra que se integrem no ambiente. Estes podem ser construídos em vários habitats, incluindo florestas, prados e parques urbanos.

- **Estruturas artificiais**: Em ambientes mais controlados, como reservas de vida selvagem, construa abrigos utilizando materiais como bambu, palha ou mesmo materiais reciclados para criar locais com sombra.

- **Colocação**: Colocar os abrigos perto de fontes de água e de zonas de alimentação para garantir que os animais têm acesso fácil a todos os recursos essenciais.

- **Benefícios**: As zonas de sombra ajudam a baixar a temperatura corporal dos animais selvagens, reduzem o risco de insolação e proporcionam um local de repouso seguro durante as horas mais quentes do dia.

Cobertura vegetal: Utilização de folhagem densa para criar zonas de arrefecimento naturais

A vegetação densa arrefece naturalmente o ambiente e proporciona um abrigo essencial para a vida selvagem.

- **Seleção de plantas**: Escolha plantas e árvores nativas, resistentes à seca, que proporcionem uma sombra ampla e necessitem de um mínimo de água. Árvores como o nim, a figueira-de-bengala e o peepal são excelentes opções.

- **Plantação em camadas**: Criar várias camadas de vegetação, incluindo cobertura do solo, arbustos e árvores, para maximizar os efeitos de sombreamento e arrefecimento.

- **Rega e manutenção**: Assegurar que as plantas jovens são regadas adequadamente até se estabelecerem. A cobertura vegetal à volta das plantas ajuda a reter a humidade do solo e mantém a zona das raízes fresca.

- **Benefícios**: A vegetação densa oferece uma solução natural e sustentável para criar microclimas frescos, melhorar a qualidade do habitat e apoiar a biodiversidade.

3.3 Estratégias de alimentação

Dietas ricas em humidade: Oferecer alimentos que ajudam a manter a hidratação dos animais

O fornecimento de alimentos ricos em humidade pode ajudar os animais selvagens a manterem-se hidratados e a reduzir o risco de stress térmico.

- **Tipos de alimentos ricos em humidade**: Frutas como a melancia, o pepino e as bagas, e vegetais como a alface e a curgete são excelentes escolhas.

- **Locais de alimentação**: Coloque os alimentos em áreas sombreadas para evitar que se estraguem e para os manter frescos. Utilize plataformas ou comedouros elevados para minimizar o risco de predadores.

- **Fornecimento regular**: Assegurar um fornecimento consistente de alimentos frescos e ricos em humidade durante os meses mais quentes.

- **Benefícios**: Estes alimentos complementam a hidratação, fornecem nutrientes essenciais e ajudam a manter a saúde geral da vida selvagem durante o calor extremo.

Evitar alimentos indutores de calor: Compreender o que deve ser evitado na alimentação suplementar

Certos alimentos podem aumentar a produção de calor metabólico e devem ser evitados durante o tempo quente.

- **Alimentos ricos em proteínas**: Os alimentos ricos em proteínas geram mais calor metabólico durante a digestão. Limitar ou evitar estes alimentos na alimentação suplementar durante o pico do verão.

- **Alimentos processados**: Evite oferecer alimentos processados que podem ser prejudiciais para a vida selvagem e não proporcionam uma hidratação adequada.

- **Monitorização e adaptação**: Avaliar regularmente a saúde e o comportamento dos animais selvagens e ajustar as estratégias de alimentação em conformidade.

- **Benefícios**: Reduzir a ingestão de alimentos que induzem o calor ajuda a minimizar o risco de sobreaquecimento e apoia uma melhor gestão do calor na vida selvagem.

3.4 Corredores de vida selvagem

Passagens seguras: Estabelecer corredores para permitir que os animais migrem para áreas mais frescas

Os corredores de vida selvagem são essenciais para permitir que os animais se desloquem livremente entre habitats, especialmente durante períodos de calor extremo, quando podem precisar de encontrar zonas mais frescas.

- **Conceção de corredores**: Criar troços contínuos de habitat natural que liguem áreas fragmentadas. Assegurar que os corredores são suficientemente largos para proporcionar cobertura e recursos adequados.

- **Barreiras naturais**: Minimizar obstáculos como estradas, vedações e povoações humanas que possam perturbar o movimento dos animais. Utilize passagens para a vida selvagem ou passagens subterrâneas sempre que necessário.

- **Restauração de habitats**: Restaurar áreas degradadas dentro dos corredores para melhorar a sua adequação ao movimento da vida selvagem.

- **Benefícios**: Os corredores para a vida selvagem facilitam a migração, aumentam a diversidade genética e melhoram a resistência a pressões ambientais como o calor extremo.

Proteção do Habitat: Prevenir a fragmentação do habitat para garantir que a vida selvagem se possa deslocar livremente

A proteção e a recuperação dos habitats são cruciais para manter a conetividade e permitir que a vida selvagem enfrente o stress térmico.

- **Proteção jurídica**: Defender e aplicar protecções legais aos habitats críticos para evitar uma maior fragmentação e degradação.

- **Envolvimento da comunidade**: Envolver as comunidades locais nos esforços de proteção e recuperação de habitats. Promover práticas sustentáveis de uso da terra que apoiem a conservação da vida selvagem.

- **Monitorização e investigação**: Realizar inquéritos e pesquisas regulares para monitorizar a saúde do habitat e os padrões de movimento da vida selvagem. Utilizar estes dados para informar as estratégias de conservação.

- **Benefícios**: Preservar e restaurar habitats garante que a vida selvagem tenha acesso a recursos essenciais, reduz o risco de mortalidade relacionada com o calor e apoia a saúde geral do ecossistema.

Ao implementar estas estratégias, podemos atenuar significativamente o impacto do calor extremo na vida selvagem, garantindo a sua sobrevivência e bem-estar durante os meses rigorosos de verão.

Capítulo 4: Iniciativas comunitárias e políticas

4.1 Envolvimento da comunidade

Projectos Locais de Conservação: Incentivar e apoiar iniciativas lideradas pela comunidade

O envolvimento da comunidade é fundamental para o sucesso dos esforços de conservação. Os projectos locais de conservação podem mobilizar os recursos, conhecimentos e entusiasmo da comunidade para proteger as plantas e os animais dos impactos do calor extremo.

- **Formação de grupos**: Incentivar a criação de grupos locais de conservação compostos por voluntários, agricultores, estudantes e líderes locais.

- **Exemplos de projectos**:

    - **Acções de plantação de árvores**: Organizar eventos regulares de plantação de árvores centrados em espécies nativas e resistentes à seca para criar sombra natural e habitats frescos.

    - **Projectos de conservação da água**: Implementar a recolha de águas pluviais e a manutenção de charcos, liderados pela comunidade, para garantir um abastecimento de água constante para a vida selvagem.

    - **Monitorização da vida selvagem**: Formar membros da comunidade para monitorizar a saúde e o comportamento da vida selvagem local, permitindo intervenções atempadas durante as ondas de calor.

- **Apoio e recursos**: Fornecer formação, recursos e oportunidades de financiamento para sustentar estas iniciativas.

- **Benefícios**: A capacitação das comunidades promove um sentido de propriedade e responsabilidade em relação à biodiversidade local, conduzindo a resultados de conservação mais sustentáveis e eficazes.

Educação e Sensibilização: Ensinar a importância da biodiversidade e da conservação

As campanhas de educação e sensibilização são vitais para obter um apoio generalizado aos esforços de conservação.

- **Programas escolares**: Integrar a educação ambiental nos currículos escolares, centrando-se na importância da biodiversidade, nos impactos das alterações climáticas e em técnicas práticas de conservação.

- **Workshops e seminários**: Realizar workshops para agricultores, líderes locais e membros da comunidade sobre práticas sustentáveis, gestão da água e proteção da vida selvagem.

- **Campanhas nos media**: Utilizar os meios de comunicação social locais, as redes sociais e a rádio comunitária para sensibilizar para as questões de conservação e promover iniciativas comunitárias.

- **Projectos de ciência cidadã**: Incentivar a participação da comunidade em projectos de ciência cidadã, tais como inquéritos sobre a biodiversidade e monitorização do clima, para aumentar o envolvimento e a recolha de dados.

- **Benefícios**: A educação do público promove uma cultura de conservação, aumenta o envolvimento da comunidade e apoia a tomada de decisões informadas para a proteção do ambiente.

4.2 Políticas e apoios governamentais

Políticas actuais: Panorama das leis e regulamentos em vigor

É essencial ter uma compreensão abrangente das actuais políticas governamentais para identificar os pontos fortes, as lacunas e as oportunidades de promoção.

- **Políticas fundamentais**:
  - **Lei de Proteção da Vida Selvagem, 1972**: Proporciona proteção legal às espécies ameaçadas e aos seus habitats.
  - **Política Florestal Nacional, 1988**: Tem por objetivo manter o equilíbrio ecológico através da conservação e gestão das florestas.
  - **Plano de Ação Nacional para as Alterações Climáticas (NAPCC)**: Define estratégias para enfrentar os impactos das alterações climáticas, incluindo a conservação da biodiversidade.

- **Programa de Gestão Integrada de Bacias Hidrográficas (IWMP)**: Centra-se na conservação da água, na florestação e na saúde do solo.

- **Desafios de implementação**: Avaliar a eficácia destas políticas, identificando questões como a falta de aplicação, restrições de financiamento e coordenação entre agências.

- **Benefícios**: Compreender as políticas existentes ajuda a identificar as áreas a melhorar e fornece um quadro para a defesa e a ação.

Advocacia para a mudança: Promover medidas de proteção ambiental mais fortes

A advocacia é crucial para promover reformas políticas e medidas de proteção ambiental mais fortes.

- **Envolver as partes interessadas**: Colaborar com as comunidades locais, as ONG, os cientistas e os decisores políticos para criar uma coligação forte para a sensibilização.

- **Recomendações políticas**:

  - **Reforçar a aplicação da lei**: Defender uma melhor aplicação das leis e regulamentos existentes.

  - **Aumento do financiamento**: Pressionar para aumentar o financiamento de programas de conservação e projectos de adaptação climática.

  - **Planeamento da resiliência climática**: Promover políticas que integrem a resiliência climática no planeamento da conservação e na gestão do uso do solo.

  - **Participação do público**: Defender uma maior participação do público nos processos de tomada de decisões no domínio do ambiente.

- **Estratégias de campanha**: Utilizar petições, manifestações públicas, campanhas nas redes sociais e lobbying para influenciar as mudanças políticas.

- **Benefícios**: Políticas mais fortes e uma melhor implementação podem melhorar significativamente a proteção da vida selvagem e da vegetação contra os efeitos adversos do calor extremo e das alterações climáticas.

4.3 Colaboração de ONG e internacional

Papel das ONGs: Contribuições das organizações não governamentais nos esforços de conservação

As ONG desempenham um papel vital na conservação, fornecendo conhecimentos especializados, recursos e defesa de causas.

- **Principais actividades**:

    - **Investigação e monitorização**: Realizar investigação sobre biodiversidade, impactos das alterações climáticas e estratégias de conservação. Monitorizar a saúde dos ecossistemas e das espécies.

    - **Envolvimento da comunidade**: Trabalhar com as comunidades locais para implementar projectos de conservação, proporcionar educação e desenvolver capacidades.

    - **Defesa de políticas**: Influenciar a política a nível local, nacional e internacional através de esforços de defesa e lobbying.

    - **Projectos de restauração**: Realizar projectos de recuperação de habitats para melhorar a saúde e a resiliência dos ecossistemas.

- **Benefícios**: As ONG trazem conhecimentos especializados, abordagens inovadoras e recursos adicionais aos esforços de conservação, complementando as acções governamentais.

Parcerias globais: Estudos de casos de colaborações internacionais bem sucedidas

A colaboração internacional reforça os esforços de conservação através da partilha de conhecimentos, recursos e melhores práticas.

- **Estudos de caso**:

    - **O Desafio de Bona**: Uma iniciativa internacional para restaurar 150 milhões de hectares de terras desflorestadas e degradadas até 2020 e 350 milhões de hectares até 2030. O empenhamento da

Índia nesta iniciativa conduziu a esforços significativos de reflorestação.

- **Iniciativa Global Tiger**: Uma parceria que envolve governos, ONG e organizações internacionais com o objetivo de duplicar o número de tigres na natureza até 2022. Esta iniciativa conduziu ao aumento das populações de tigres na Índia através da proteção do habitat e de esforços de combate à caça furtiva.

- **Iniciativa de Financiamento da Biodiversidade do PNUD (BIOFIN)**: Um projeto global que ajuda os países a desenvolver e implementar estratégias abrangentes para financiar a conservação da biodiversidade. A participação da Índia melhorou os mecanismos de financiamento de projectos de conservação.

- **Benefícios**: As colaborações internacionais trazem apoio financeiro, conhecimentos técnicos e uma perspetiva global aos desafios locais de conservação, conduzindo a resultados mais eficazes e sustentáveis.

Promovendo o envolvimento da comunidade, defendendo políticas governamentais fortes e tirando partido da experiência das ONG e das colaborações internacionais, podemos criar um quadro robusto para proteger a vida selvagem e a vegetação dos impactos do calor extremo e das alterações climáticas.

Capítulo 5: Soluções e inovações a longo prazo

5.1 Reflorestação e arborização

Projectos de plantação de árvores: Importância e implementação da reflorestação

A reflorestação e a florestação são estratégias críticas a longo prazo para combater os efeitos do calor extremo e das alterações climáticas. Estes processos envolvem a plantação de árvores em áreas desflorestadas (reflorestação) e o estabelecimento de florestas em áreas anteriormente não florestadas (florestação).

- **Importância**:

    - **Regulação do clima**: As árvores absorvem CO2, ajudando a mitigar as alterações climáticas e os seus impactos associados na temperatura.

    - **Criação de habitat**: As florestas proporcionam habitat para numerosas espécies, promovendo a biodiversidade.

    - **Conservação do solo**: As raízes das árvores ajudam a evitar a erosão do solo e a manter a saúde do solo.

    - **Regulação do ciclo da água**: As florestas desempenham um papel crucial na manutenção do ciclo hidrológico, influenciando os padrões de precipitação e a disponibilidade de água.

- **Implementação**:

    - **Seleção do local**: Identificar áreas adequadas para a plantação de árvores com base no tipo de solo, no clima e nas necessidades da biodiversidade local.

    - **Seleção de espécies**: Escolha espécies nativas e resistentes à seca que estejam bem adaptadas às condições locais. Isto aumenta as taxas de sobrevivência e a compatibilidade ecológica.

    - **Envolvimento da comunidade**: Envolver as comunidades locais no planeamento e execução para garantir a sustentabilidade e responder às suas necessidades e conhecimentos específicos.

- **Financiamento e recursos**: Garantir financiamento de programas governamentais, ONGs e parcerias do sector privado. Fornecer as ferramentas, mudas e conhecimentos necessários.

Manutenção e monitorização: Assegurar a longevidade e a saúde das áreas plantadas

O sucesso dos projectos de reflorestação e florestação depende da manutenção e monitorização contínuas para garantir a saúde e a longevidade das áreas plantadas.

- **Manutenção regular**:

  - **Rega**: Assegurar que as árvores jovens recebem água adequada, especialmente durante as estações secas.

  - **Controlo de ervas daninhas**: Gerir a vegetação concorrente para reduzir a concorrência pelos recursos.

  - **Gestão de pragas**: Monitorizar e controlar as populações de pragas que possam ameaçar as árvores jovens.

- **Controlo**:

  - **Acompanhamento do crescimento**: Utilizar tecnologia de deteção remota e inquéritos no terreno para acompanhar o crescimento e a saúde das árvores.

  - **Avaliações da biodiversidade**: Realizar inquéritos regulares sobre a biodiversidade para avaliar o impacto ecológico e o sucesso dos esforços de reflorestação.

  - **Feedback da comunidade**: Colaborar com as comunidades locais para recolher reacções e resolver quaisquer problemas que possam surgir.

5.2 Inovações tecnológicas

Deteção remota e modelação climática: Utilização da tecnologia para prever e gerir o stress térmico

Os avanços tecnológicos na deteção remota e na modelação climática fornecem ferramentas poderosas para prever e gerir o stress térmico em plantas e animais.

- **Deteção remota**:

  - **Imagens de satélite**: Utilizar dados de satélite para monitorizar a saúde da vegetação, os níveis de humidade do solo e as alterações na utilização da terra.

  - **Drones**: Instalar drones para monitorização de alta resolução e em tempo real de áreas específicas, fornecendo informações detalhadas sobre o stress das plantas e o movimento da vida selvagem.

  - **Análise de dados**: Utilizar a análise avançada de dados e a aprendizagem automática para interpretar dados de deteção remota, identificando padrões e prevendo condições futuras.

- **Modelação climática**:

  - **Modelos de previsão**: Desenvolver e utilizar modelos climáticos para prever alterações de temperatura, padrões de precipitação e a frequência de fenómenos meteorológicos extremos.

  - **Planeamento de Cenários**: Utilizar modelos para explorar diferentes cenários climáticos e os seus potenciais impactos nos ecossistemas, orientando o planeamento estratégico e a atribuição de recursos.

  - **Sistemas de alerta precoce**: Implementar sistemas de alerta precoce baseados em modelos climáticos para alertar as comunidades e os gestores de conservação sobre ondas de calor e secas iminentes.

Sistemas de rega inteligentes: Inovações que optimizam a utilização da água

Os sistemas de rega inteligentes utilizam tecnologia para otimizar a utilização da água, garantindo que as plantas recebem a quantidade certa de água no momento certo.

- **Componentes da rega inteligente**:

  - **Sensores de humidade do solo**: Instalar sensores para monitorizar os níveis de humidade do solo em tempo real, fornecendo dados para ajustar os programas de rega.

- **Integração da previsão meteorológica**: Utilize as previsões meteorológicas para ajustar a rega com base na precipitação e temperatura previstas.

- **Controlos automatizados**: Implementar sistemas de rega automatizados que possam ser controlados remotamente, permitindo uma gestão precisa da água.

- **Benefícios**:

  - **Conservação da água**: A rega inteligente reduz o desperdício de água, aplicando-a de forma mais eficiente.

  - **Melhoria da saúde das plantas**: Uma rega consistente e precisa ajuda a manter a humidade ideal do solo, promovendo um melhor crescimento e resistência das plantas.

  - **Poupança de custos**: A redução do consumo de água leva a facturas de água mais baixas e a menos trabalho de rega manual.

5.3 Práticas agrícolas sustentáveis

Integração dos conhecimentos tradicionais: Combinando as práticas indígenas com a ciência moderna

A integração dos conhecimentos agrícolas tradicionais com técnicas científicas modernas pode reforçar a sustentabilidade e a resiliência das práticas agrícolas.

- **Práticas tradicionais**:

  - **Rotação de culturas**: Implementar métodos tradicionais de rotação de culturas para manter a fertilidade do solo e reduzir os surtos de pragas.

  - **Recolha de águas pluviais**: Utilizar técnicas autóctones de recolha de águas pluviais para captar e armazenar água para irrigação.

  - **Abordagens Agroecológicas**: Aplicar práticas agroecológicas tradicionais que promovam a biodiversidade e a saúde do solo.

- **Ciência moderna**:

  - **Testes ao solo**: Efetuar testes regulares ao solo para monitorizar os níveis de nutrientes e adaptar as práticas de fertilização.

- **Gestão Integrada de Pragas (IPM)**: Combinar métodos tradicionais de controlo de pragas com estratégias modernas de GIP para reduzir a utilização de pesticidas químicos.

- **Culturas resistentes ao clima**: Utilizar variedades de culturas cientificamente desenvolvidas e resistentes ao clima, capazes de resistir ao stress térmico e à seca.

Agroflorestação e Permacultura: Métodos de agricultura sustentável que apoiam a biodiversidade

A agro-silvicultura e a permacultura são métodos agrícolas sustentáveis que integram árvores e plantas perenes nos sistemas agrícolas, apoiando a biodiversidade e aumentando a resistência dos ecossistemas.

- **Agroflorestação**:

    - **Cultivo em faixas**: Plantar fileiras de árvores ou arbustos ao longo das culturas para dar sombra, reduzir a erosão e melhorar a saúde do solo.

    - **Silvopastagem**: Integrar árvores com pastagens para criar um ecossistema mais resistente e diversificado, beneficiando o gado e a vida selvagem.

    - **Agricultura florestal**: Cultivar culturas sob a copa de uma floresta existente, imitando os ecossistemas naturais e conservando a biodiversidade.

- **Permacultura**:

    - **Princípios de conceção**: Aplicar os princípios da permacultura para conceber sistemas agrícolas sustentáveis e auto-suficientes que funcionem em harmonia com a natureza.

    - **Plantações diversificadas**: Utilizar uma mistura diversificada de plantas para criar um sistema agrícola resiliente que possa resistir às pressões ambientais.

    - **Gestão da água**: Implementar técnicas permaculturais de gestão da água, tais como valas e desenho de linhas-chave para captar e reter a água na paisagem.

5.4 Espaços verdes urbanos

Cinturas verdes e florestas urbanas: Criar espaços verdes nas cidades para combater o calor

Os espaços verdes urbanos, incluindo cinturas verdes e florestas urbanas, são essenciais para atenuar o efeito de ilha de calor nas cidades e proporcionar habitats para a vida selvagem urbana.

- **Cinturões verdes**:

    - **Planeamento e ordenamento do território**: Designar cinturas verdes em torno de áreas urbanas para preservar paisagens naturais e proporcionar espaços recreativos.

    - **Plantação de árvores**: Plantar árvores e arbustos nativos e resistentes à seca para criar corredores verdes contínuos.

    - **Envolvimento da comunidade**: Envolver as comunidades locais no planeamento, plantação e manutenção de cinturas verdes.

- **Florestas urbanas**:

    - **Objectivos para as copas das árvores**: Estabelecer objectivos para aumentar o coberto arbóreo nas zonas urbanas para proporcionar sombra e reduzir as temperaturas.

    - **Seleção das espécies**: Escolher espécies que se adaptem bem às condições urbanas e que resistam à poluição e ao calor.

    - **Manutenção**: Assegurar a manutenção regular, incluindo a rega, a poda e o controlo de pragas, para manter as florestas urbanas saudáveis.

- **Benefícios**: Os espaços verdes urbanos reduzem a temperatura ambiente, melhoram a qualidade do ar, reforçam a biodiversidade urbana e proporcionam oportunidades de lazer aos residentes.

Jardins no telhado e paredes verdes: Técnicas de jardinagem urbana para arrefecer os edifícios e melhorar a qualidade do ar

Os jardins nos telhados e as paredes verdes são técnicas inovadoras de jardinagem urbana que ajudam a arrefecer os edifícios, a reduzir o consumo de energia e a melhorar a qualidade do ar.

- **Jardins no telhado**:

    - **Tipos**: Jardins de telhado intensivos (profundidade do solo > 6 polegadas) e extensivos (profundidade do solo < 6 polegadas), dependendo da estrutura do edifício e dos objectivos.

    - **Seleção de plantas**: Utilizar plantas resistentes à seca e de raízes pouco profundas para jardins extensivos e uma maior variedade para jardins intensivos.

    - **Instalação e manutenção**: Instalar membranas à prova de água, sistemas de drenagem adequados e misturas de solo leves. A manutenção regular inclui rega, remoção de ervas daninhas e fertilização.

- **Paredes verdes**:

    - **Paredes vivas**: Utilizar painéis modulares preenchidos com um meio de cultura, que suportam uma variedade de plantas.

    - **Ecologização da fachada**: Fixar plantas trepadeiras na fachada do edifício, utilizando treliças ou sistemas de arame.

    - **Irrigação**: Implementar sistemas de irrigação por gotejamento ou hidropónicos para garantir um abastecimento de água adequado.

- **Vantagens**: Os jardins nos telhados e as paredes verdes isolam os edifícios, reduzindo os custos de energia para aquecimento e arrefecimento. Também melhoram a qualidade do ar através da filtragem de poluentes, aumentam a biodiversidade urbana e proporcionam benefícios estéticos e psicológicos aos residentes.

Ao adotar estas soluções e inovações a longo prazo, podemos criar ecossistemas resilientes, práticas agrícolas sustentáveis e ambientes urbanos mais saudáveis, garantindo a proteção das plantas e da vida selvagem contra os impactos do calor extremo e das alterações climáticas.

Capítulo 6: Programas educativos e de sensibilização

Visitas de estudo e projectos: Experiências de aprendizagem prática para os alunos

As visitas de estudo e os projectos práticos oferecem oportunidades inestimáveis de aprendizagem experimental que aprofundam a compreensão dos alunos sobre a conservação do ambiente e fomentam um sentido de responsabilidade para com a natureza.

Viagens de estudo:

- **Reservas naturais e parques nacionais**: Organize visitas a áreas protegidas, como reservas de vida selvagem e parques nacionais, onde os alunos podem mergulhar em habitats naturais, observar a vida selvagem nos seus ambientes nativos e aprender em primeira mão sobre os esforços de conservação. As visitas guiadas, os passeios pela natureza e as sessões interactivas com os guardas-florestais fornecem informações sobre a dinâmica dos ecossistemas, a conservação da biodiversidade e a importância da preservação das paisagens naturais.

- **Jardins botânicos e quintas**: Explore jardins botânicos, quintas biológicas e sítios agro-florestais para descobrir a rica diversidade da vida vegetal, práticas agrícolas sustentáveis e a interligação dos ecossistemas. Os alunos podem participar em visitas guiadas, workshops práticos e actividades de plantação para aprenderem sobre a conservação das plantas, a saúde dos solos e o papel da biodiversidade no apoio à resiliência dos ecossistemas.

- **Corpos de água e zonas húmidas**: Aventure-se em rios, lagos e zonas húmidas próximas para estudar os ecossistemas aquáticos, a conservação da água e a importância de preservar estes habitats vitais. Actividades como testes de qualidade da água, inquéritos à biodiversidade e projectos de recuperação de zonas húmidas fornecem informações valiosas sobre a ecologia da água doce, a recuperação de habitats e a importância da proteção dos recursos hídricos para a saúde humana e ambiental.

Projectos de estudantes:

- **Hortas escolares**: Estabelecer e manter hortas escolares como salas de aula ao ar livre onde os alunos podem participar em experiências de aprendizagem práticas relacionadas com a agricultura biológica, a biologia vegetal e a gestão ambiental. Os alunos aprendem competências práticas, tais como a preparação do solo, a sementeira de sementes e a manutenção das culturas, ao mesmo tempo que adquirem uma apreciação da importância dos espaços verdes na promoção da biodiversidade e da segurança alimentar.

- **Monitorização da vida selvagem**: Envolva os alunos em projectos de ciência cidadã que envolvam a monitorização das populações locais de vida selvagem e a contribuição de dados para os esforços de conservação em curso. Ao participar em inquéritos à vida selvagem, excursões de observação de aves e avaliações de habitats, os alunos desenvolvem competências de investigação científica, literacia ecológica e uma compreensão mais profunda da interligação das espécies e dos ecossistemas.

- **Reciclagem e gestão de resíduos**: Capacitar os alunos para agirem sobre questões ambientais através da implementação de programas e projectos de reciclagem em toda a escola, centrados na redução de resíduos e na promoção da sustentabilidade. Através de iniciativas como auditorias de resíduos, iniciativas de compostagem e workshops de upcycling, os alunos aprendem sobre a conservação de recursos, estratégias de redução de resíduos e a importância de adotar comportamentos amigos do ambiente para mitigar a degradação ambiental.

Benefícios:

As experiências práticas no terreno e os projectos significativos na sala de aula oferecem inúmeras vantagens aos alunos, incluindo

- **Aprendizagem tangível**: A experiência de conceitos abstractos em primeira mão torna a aprendizagem mais tangível e memorável, melhorando a compreensão e a retenção dos princípios ambientais e dos conceitos ecológicos por parte dos alunos.

- **Ligação com a natureza**: O envolvimento com o mundo natural promove uma ligação mais profunda com a natureza, incutindo um sentimento de admiração, curiosidade e apreço pela beleza e complexidade do ambiente.

- **Comportamentos proactivos de conservação**: Ao participarem ativamente em actividades de conservação e ao testemunharem o impacto das suas acções, os alunos desenvolvem um sentido de responsabilidade e de capacitação, inspirando-os a adoptarem comportamentos de conservação proactivos e a defenderem a sustentabilidade ambiental nas suas comunidades.

As visitas de estudo e os projectos práticos desempenham um papel crucial no cultivo da literacia ambiental, no desenvolvimento da consciência ecológica e na capacitação dos alunos para se tornarem administradores informados e responsáveis do planeta. Ao proporcionar experiências de aprendizagem práticas que promovem a educação ambiental e inspiram acções de conservação, os educadores podem capacitar a próxima geração de líderes ambientais para enfrentar os desafios ambientais prementes e criar um futuro mais sustentável para todos.

6.2 Campanhas de sensibilização do público

Divulgação nos meios de comunicação social: Utilização de vários meios de comunicação social para aumentar a sensibilização para o stress térmico e a conservação

A divulgação eficaz nos meios de comunicação social desempenha um papel crucial na sensibilização e no envolvimento de um público mais vasto nos esforços de conservação, especialmente no que diz respeito ao stress térmico e ao seu impacto no ambiente.

- **Meios de comunicação tradicionais**:
  - **Jornais e revistas**: Colaborar com os meios de comunicação impressos para publicar artigos, artigos de opinião e reportagens sobre temas como o stress térmico, as alterações climáticas e histórias de conservação bem sucedidas. Estas publicações atingem diversos públicos e podem despertar o interesse e o debate público.

- **Televisão e rádio**: Produzir documentários, segmentos de notícias e talk shows dedicados a destacar questões ambientais e iniciativas de conservação. As plataformas dos media de radiodifusão têm um grande alcance e podem transmitir eficazmente mensagens ao público em geral.

- **Meios digitais**:

  - **Campanhas nas redes sociais**: Utilizar plataformas populares de redes sociais como o Facebook, Twitter, Instagram e YouTube para divulgar conteúdos educativos, infográficos e vídeos sobre stress térmico e conservação. Envolva o público através de publicações interactivas, sessões ao vivo e conteúdos gerados pelos utilizadores para promover o diálogo e a sensibilização.

  - **Websites e blogues**: Criar sítios Web e blogues dedicados que sirvam como recursos abrangentes de informação sobre stress térmico, adaptação às alterações climáticas e estratégias de conservação. Actualizações regulares, artigos de notícias e dicas práticas podem encorajar as pessoas a tomar medidas proactivas de conservação.

- **Meios de comunicação comunitários**:

  - **Boletins informativos e boletins locais**: Distribuir informação através de boletins informativos e quadros de avisos da comunidade local para chegar aos residentes ao nível das bases. Adaptar o conteúdo para abordar as preocupações regionais e apresentar as iniciativas locais de conservação.

  - **Rádio comunitária**: Colaborar com estações de rádio comunitárias para transmitir programas em línguas regionais, garantindo a acessibilidade a diversas populações. Os programas de rádio podem incluir entrevistas, debates e segmentos educativos sobre stress térmico e práticas de conservação.

Workshops e seminários: Envolver o público através de eventos educativos

Os workshops e seminários proporcionam plataformas valiosas para uma aprendizagem aprofundada, discussão e colaboração em questões de conservação, incluindo estratégias para atenuar o stress térmico e proteger o ambiente.

- **Workshops**:

  - **Workshops temáticos**: Organize workshops centrados em tópicos de conservação específicos, como a conservação da água, a agricultura sustentável, a proteção da vida selvagem e a adaptação às alterações climáticas. Estes workshops fornecem aos participantes conhecimentos práticos e estratégias accionáveis.

  - **Sessões de desenvolvimento de competências**: Ofereça sessões de formação prática em actividades como a recolha de águas pluviais, compostagem, plantação de árvores e recuperação de habitats. Capacitar os indivíduos com competências práticas permite-lhes contribuir ativamente para os esforços de conservação.

- **Seminários**:

  - **Palestras de especialistas**: Organize seminários com especialistas na área que possam partilhar os seus conhecimentos e experiências relacionados com o stress térmico, as alterações climáticas e a conservação. As palestras de especialistas inspiram e educam os participantes, promovendo uma compreensão mais profunda das questões ambientais.

  - **Painéis de discussão**: Facilitar painéis de discussão que envolvam diversas partes interessadas, tais como decisores políticos, cientistas, conservacionistas e líderes comunitários. Estes debates incentivam a colaboração e a troca de ideias para desenvolver soluções inovadoras para enfrentar os desafios ambientais.

- **Eventos comunitários**:

  - **Feiras ambientais**: Organizar feiras ambientais que apresentem projectos de conservação, tecnologias e iniciativas locais. Estas feiras proporcionam uma plataforma interactiva para os membros da comunidade aprenderem sobre práticas de conservação e interagirem com organizações ambientais.

- **Palestras públicas**: Organizar palestras públicas sobre temas ambientais para chegar a um público mais vasto e estimular o interesse da comunidade pela conservação. As palestras públicas incluem apresentações interessantes e sessões de perguntas e respostas para incentivar o diálogo e a partilha de conhecimentos.

Benefícios:

- **Aumentar a consciencialização do público**: A divulgação nos meios de comunicação social e os eventos educativos sensibilizam o público para o stress térmico, as alterações climáticas e a importância da conservação, influenciando as atitudes e os comportamentos em relação à proteção do ambiente.

- **Fomentar o envolvimento da comunidade**: Ao envolver diversos públicos através de vários canais de comunicação e actividades educativas, as campanhas de sensibilização do público incentivam o envolvimento da comunidade e a participação ativa em iniciativas de conservação.

- **Promover a literacia ambiental**: Workshops, seminários e eventos comunitários promovem a literacia ambiental, fornecendo aos indivíduos os conhecimentos, as competências e os recursos necessários para enfrentar os desafios ambientais e contribuir para soluções sustentáveis.

6.3 Projectos de ciência cidadã

Participação Pública: Incentivar os cidadãos a contribuir para os dados e esforços de conservação

Os projectos de ciência cidadã permitem que o público participe ativamente na recolha de dados e nos esforços de conservação, melhorando a investigação científica e o envolvimento da comunidade.

- **Tipos de projectos de ciência cidadã**:
    - **Monitorização da biodiversidade**: Envolver os cidadãos no seguimento e documentação da vida selvagem e das espécies vegetais locais, contribuindo com dados valiosos para a investigação em matéria de conservação.

- **Observação do clima**: Envolver o público na monitorização dos padrões meteorológicos, das alterações de temperatura e de outros indicadores climáticos.

  - **Monitorização da poluição**: Incentivar os cidadãos a comunicar os níveis de poluição das massas de água, a qualidade do ar e a saúde dos solos, ajudando a identificar as áreas que necessitam de intervenção.

- **Métodos de participação**:

  - **Workshops e formação**: Proporcionar sessões de formação sobre métodos de recolha de dados, identificação de espécies e utilização de ferramentas de monitorização.

  - **Redes comunitárias**: Estabelecer redes locais de cidadãos cientistas para partilhar conhecimentos, coordenar esforços e apoiar-se mutuamente.

- **Vantagens**: Os projectos de ciência cidadã melhoram os dados científicos, aumentam a sensibilização e promovem um sentido de propriedade e responsabilidade em relação às questões ambientais locais.

Plataformas digitais: Utilização de aplicações e ferramentas em linha para acompanhamento e elaboração de relatórios

As plataformas e ferramentas digitais facilitam a participação dos cidadãos na ciência, tornando a recolha de dados e a comunicação de informações acessíveis e fáceis de utilizar.

- **Aplicações móveis**:

  - **Observação e comunicação**: Utilizar aplicações como iNaturalist, eBird e Nature's Notebook para os cidadãos registarem e enviarem observações da vida selvagem e das plantas.

  - **Visualização de dados**: Fornecer ferramentas para visualizar os dados recolhidos, permitindo aos utilizadores ver tendências e padrões nas suas contribuições.

- **Plataformas online**:

- **Projectos de colaboração**: Utilizar plataformas em linha para acolher projectos de colaboração, onde os cidadãos podem participar em iniciativas de investigação, aceder a recursos educativos e contribuir com dados.

- **Repositórios de dados**: Manter repositórios online de dados recolhidos, acessíveis a investigadores, decisores políticos e ao público para análise e tomada de decisões.

- **Vantagens**: As plataformas digitais aumentam o alcance e o impacto dos projectos de ciência cidadã, facilitando a contribuição dos indivíduos e o acesso dos investigadores a grandes conjuntos de dados.

Através da integração de programas educativos nas escolas, do envolvimento do público através de campanhas de sensibilização e do recurso à ciência cidadã, podemos construir uma comunidade conhecedora, proactiva e envolvida que apoie e participe nos esforços de conservação.

Conclusão

Em conclusão, "Summer Guardians: Métodos Eficazes para Proteger a Vida Selvagem e a Vegetação da Índia" serve como um guia abrangente e um apelo à ação face ao desafio assustador que o aumento das temperaturas e o stress térmico representam para a biodiversidade da Índia. Ao longo dos capítulos, explorámos um vasto leque de estratégias, desde técnicas de gestão da água até ao envolvimento da comunidade, inovações tecnológicas e programas educativos, todos com o objetivo de mitigar os impactos do calor do verão nas plantas e nos animais.

À medida que navegamos pelas complexidades das alterações climáticas e da degradação ambiental, é evidente que nenhuma solução única será suficiente. Em vez disso, é o esforço coletivo de indivíduos, comunidades, governos e organizações que conduzirá a uma mudança significativa. Ao abraçarmos a sabedoria das práticas tradicionais e ao mesmo tempo aproveitarmos o poder da ciência e da tecnologia modernas, podemos forjar um caminho para a resiliência e a sustentabilidade.

Crucialmente, este livro enfatiza a importância do envolvimento da comunidade e da consciencialização do público. Dos currículos escolares aos projectos de ciência cidadã, das campanhas de sensibilização pública à defesa de políticas, cada indivíduo tem um papel vital a desempenhar na conservação da rica biodiversidade da Índia. Ao promover um sentido de administração e responsabilidade colectiva, podemos assegurar que o nosso património natural prospere para as gerações vindouras.

No entanto, o nosso trabalho não termina com o fecho destas páginas. Só através de uma dedicação e ação contínuas poderemos salvaguardar verdadeiramente as plantas e os animais que chamam casa à Índia. Atendamos ao apelo para sermos guardiões do verão, campeões da conservação e administradores do mundo natural. Juntos, podemos criar um futuro em que tanto os seres humanos como a natureza floresçam em harmonia, assegurando uma Índia vibrante e resiliente para todos.

Referências

1. Relatório especial do PIAC sobre alterações climáticas e solos (2019). Painel Intergovernamental sobre as Alterações Climáticas (IPCC). Recuperado de https://www.ipcc.ch/srccl/

2. Lal, R. (2004). Sequestro de carbono do solo para mitigar as alterações climáticas. Geoderma, 123(1-2), 1-22.

3. Hatfield, J. L., & Prueger, J. H. (2015). Extremos de temperatura: Efeito no crescimento e desenvolvimento das plantas. Tempo e Clima Extremos, 10, 4-10.

4. Kelland, M. (2019). Kit de ferramentas para a agricultura sustentável: Gestão do solo. Organização das Nações Unidas para a Alimentação e a Agricultura (FAO). Recuperado de http://www.fao.org/3/ca9086en/ca9086en.pdf

5. Departamento de Agricultura dos EUA. (2015). Culturas de cobertura e saúde do solo. Serviço de Conservação de Recursos Naturais. Recuperado de https://www.nrcs.usda.gov/wps/portal/nrcs/detail/national/soils/health/?cid=nrcs142p2_053862

6. Agam, N., & Berliner, P. (2006). Formação de orvalho e seu efeito na humidade do solo e no crescimento das plantas no deserto de Negev, Israel. Agricultural and Forest Meteorology, 139(3-4), 252-260.

7. Prasad, P. V. V., Boote, K. J., Allen Jr, L. H., & Thomas, J. M. G. (2002). Effects of elevated temperature and carbon dioxide on seed-set and yield of kidney bean (Phaseolus vulgaris L.). Global Change Biology, 8(8), 710-721.

8. Weaver, D. K., & Nansen, C. (2015). Controlo de insectos e ácaros de produtos armazenados com temperaturas extremas. Temperature, 2(3), 292-303.

9. Ghaley, B. B., & Edwards-Jones, G. (2015). Alterações climáticas e o seu impacto na agricultura nepalesa. Regional Environmental Change, 15(7), 1521-1530.

ÍNDICE

yes
I want morebooks!

Buy your books fast and straightforward online - at one of world's fastest growing online book stores! Environmentally sound due to Print-on-Demand technologies.

Buy your books online at
www.morebooks.shop

Compre os seus livros mais rápido e diretamente na internet, em uma das livrarias on-line com o maior crescimento no mundo! Produção que protege o meio ambiente através das tecnologias de impressão sob demanda.

Compre os seus livros on-line em
www.morebooks.shop